SICHUANSHENG GONGCHENG JIANSHE BIAOZHUN SHEJI

四川省工程建设标准设计

KMPS防火保温板保温系统构造

U0205924

四川省建筑标准设计办公室

微信扫描上方二维码，
获取更多数字资源

图集号 川2017J125-TJ

西南交通大学出版社
·成 都·

图书在版编目（CIP）数据

KMPS 防火保温板保温系统构造 / 四川省建筑科学研究院主编. —成都：西南交通大学出版社，2018.3
ISBN 978-7-5643-6100-6

Ⅰ. ①K… Ⅱ. ①四… Ⅲ. ①防火材料 – 应用 – 建筑材料 – 保温板 – 建筑构造 – 研究 Ⅳ. ①TU55

中国版本图书馆 CIP 数据核字（2018）第 045413 号

责 任 编 辑　李芳芳
封 面 设 计　何东琳设计工作室

KMPS 防火保温板保温系统构造

主编单位　　四川省建筑科学研究院

出 版 发 行	西南交通大学出版社 （四川省成都市二环路北一段 111 号 西南交通大学创新大厦 21 楼）
发 行 部 电 话	028-87600564　028-87600533
邮 政 编 码	610031
网　　　址	http://www.xnjdcbs.com
印　　　刷	四川煤田地质制图印刷厂
成 品 尺 寸	260 mm × 185 mm
印　　　张	2.5
字　　　数	60 千
版　　　次	2018 年 3 月第 1 版
印　　　次	2018 年 3 月第 1 次
书　　　号	ISBN 978-7-5643-6100-6
定　　　价	28.00 元

四川省住房和城乡建设厅

川建标发〔2017〕920 号

四川省住房和城乡建设厅关于发布《KMPS 防火保温板保温系统构造》为省建筑标准设计推荐图集的通知

各市（州）及扩权试点县（市）住房城乡建设行政主管部门：

由四川省建筑标准设计办公室组织、四川省建筑科学研究院主编的《KMPS 防火保温板保温系统构造》，经审查通过，现批准为四川省建筑标准设计推荐图集，图集编号为川 2017J125-TJ，自 2018 年 3 月 1 日起施行。

该图集由四川省住房和城乡建设厅负责管理，四川省建筑科学研究院负责具体解释工作，四川省建筑标准设计办公室负责出版、发行工作。

特此通知。

四川省住房和城乡建设厅

2017 年 12 月 7 日

《KMPS 防火保温板保温系统构造》

编审人员名单

主 编 单 位　四川省建筑科学研究院

参 编 单 位　成都科文节能装饰材料有限公司

编制组负责人　余恒鹏

编 制 组 成 员　刘　晖　金　洁　陈东平　韩　舜　赵天成　刘　亮　王　海
　　　　　　　吴文杰　高　杨

审 查 组 长　金晓西

审 查 组 成 员　佘　龙　张仕忠　罗　骥　郑澍奎

KMPS防火保温板保温系统构造

主编单位负责人：

主编单位技术负责人：

技术审定人：

设计负责人：

批准部门：四川省住房和城乡建设厅

批准文号：川建标发〔2017〕920号

主编单位：四川省建筑科学研究院

图集号：川2017J125-TJ

参编单位：成都科文节能装饰材料有限公司

实施日期：2018年3月1日

目　录

总说明··· 2

外墙外保温系统构造···································· 11

保温板及洞口网格布加强布置····················· 12

外墙外保温系统阴阳角构造·························· 13

外墙外保温系统窗口构造····························· 14

外墙外保温系统勒脚、阳台隔墙构造············ 16

外墙外保温系统变形缝构造·························· 17

外墙外保温系统女儿墙构造·························· 18

外墙内保温系统构造·································· 19

外墙内保温系统阴阳角、内墙与外墙交接处构造·· 20

外墙内保温系统窗口构造····························· 21

保温装饰复合板保温系统构造····················· 22

保温装饰复合板及金属扣件布置··················· 23

保温装饰复合板保温系统阴阳角构造············· 24

保温装饰复合板保温系统窗口构造················ 25

保温装饰复合板保温系统勒脚、阳台隔墙构造·· 27

保温装饰复合板保温系统排水、排气孔··········· 28

保温装饰复合板保温系统女儿墙构造············· 29

楼地面及架空楼板保温系统构造··················· 30

平屋面保温系统构造·································· 31

坡屋面保温系统构造·································· 32

	目　录					图集号	川2017J125-TJ
审核	余恒鹏	校对	金洁	设计	陈东平	页	1

总　说　明

1 编制依据

1.1 本图集根据《四川省住房和城乡建设厅关于同意编<KMPS防火保温板保温系统构造>省标推荐图集的批复》（川建勘设科发〔2016〕688号）进行编制。

1.2
《民用建筑热工设计规范》	GB 50176
《公共建筑节能设计标准》	GB 50189
《建筑设计防火规范》	GB 50016
《建筑内部装修设计防火规范》	GB 50222
《建筑装饰装修工程质量验收规范》	GB 50210
《建筑节能工程施工质量验收规范》	GB 50411
《建筑材料及制品燃烧性能分级》	GB 8624
《不燃无机复合板》	GB 25970
《模塑聚苯板薄抹灰外墙外保温系统材料》	GB/T 29906
《夏热冬冷地区居住建筑节能设计标准》	JGJ 134
《外墙外保温技术规程》	JGJ 144
《既有居住建筑节能改造技术规程》	JGJ/T 129
《保温装饰板外墙外保温系统材料》	JG/T 287
《四川省居住建筑节能设计标准》	DB51/5027
《建筑节能工程施工质量验收规程》	DB51/5033
《保温装饰复合板应用技术规程》	DBJ51/T025
《不燃型复合膨胀聚苯乙烯保温板应用技术导则》	川建勘设科发[2017]23号
《KMPS防火保温板》	Q/77749881-3·1

2 适用范围

2.1 本图集适用于四川省新建、扩建和改建的民用建筑外墙、屋面、楼地面采用KMPS防火保温板、KMPS保温装饰复合板的保温工程。

2.2 适用于抗震设防烈度在8度及8度以下地区的建筑物。

2.3 基层墙体可以为钢筋混凝土、烧结页岩多孔砖、混凝土多孔砖、烧结页岩空心砖、加气混凝土砌块、混凝土空心砌块等。

3 构成和特点

3.1 构成

KMPS防火保温板是以聚苯颗粒为骨料，采用无机胶凝材料，添加各种改性剂，经成型、养护、切割而制成的，其燃烧性能达到A级的保温板材。

KMPS保温装饰复合板是工厂预制成型，由装饰面板、KMPS防火保温板、胶粘剂等复合而成的具有保温和装饰功能的板材。

3.2 特点

KMPS防火保温板具有施工便捷、燃烧性能达到A级保温材料要求等特点。

KMPS保温装饰复合板具有可工业化生产、安装效率高、装饰效果良好等特点。

4 性能要求

4.1 系统性能要求

4.1.1 KPMS防火保温板外墙保温系统性能应符合表4.1.1-1和表4.1.1-2的规定，KPMS保温装饰复合板外墙外保温系统性能应符合表4.1.1-3的规定。

| 总说明 | | | | | | 图集号 | 川2017J125-TJ |
| 审核 | 余恒鹏 | 校对 | 金洁 | 设计 | 陈东平 | 页 | 2 |

表4.1.1-1　KMPS防火保温板外墙外保温系统性能指标

项目	性能指标	试验方法
耐候性	耐候试验后不得出现起泡、剥落、空鼓、脱落等，不得产生渗水裂缝。抹面层与保温层拉伸粘结强度≥0.10 MPa，且破坏部位应位于保温层内	
吸水量	系统在水中浸泡1h后的吸水量≤500 g/m²	
抗冲击性	建筑物首层墙面及门窗口等易受碰撞部位：10J级；建筑物二层以上墙面等不易受碰撞部位：3J级	JGJ 144
耐冻融	30次冻融循环后系统无粉化、起泡、起鼓、空鼓、脱落、无渗水裂缝；抗拉强度≥0.10 MPa，且破坏部位应位于保温层内	
抹面层不透水性	2 h不透水	
系统抗拉强度	≥0.10 MPa	
水蒸气湿流密度	≥0.85 g/（m²·h）	GB/T 29906

表4.1.1-2　KMPS防火保温板外墙内保温系统性能指标

项目	性能指标	试验方法
拉伸粘结强度	≥0.10 MPa	
抗冲击性	10J级	JGJ 144
吸水量	系统在水中浸泡1 h后的吸水量≤500 g/m²	
抹面层不透水性	2 h不透水	

表4.1.1-3　KMPS保温装饰复合板外墙外保温系统性能指标

项目	性能指标	试验方法
耐候性	耐候试验后不得出现粉化、起泡、剥落，面板松动或脱落等破坏，不得产生渗水裂缝。面板与保温材料拉伸粘结强度≥0.10 MPa，且破坏部位应位于保温层内	JGJ 144

续表

项目	性能指标	试验方法
吸水量	系统在水中浸泡1 h后的吸水量≤500 g/m²	
抗冲击性	建筑物首层墙面及门窗口等易受碰撞部位：10J级；建筑物二层以上墙面等不易受碰撞部位：3J级	JGJ 144
耐冻融	30次冻融循环后系统无粉化、起泡、起鼓、空鼓、脱落、无渗水裂缝；抗拉强度≥0.10 MPa破坏部位应位于保温层内	
不透水性	2 h不透水	
系统抗拉强度	≥0.10 MPa	
单点锚固力	≥0.60 kN	JG/T 287

4.1.2　KMPS防火保温板楼地面、屋面保温系统应符合《建筑地面设计规范》（GB 50037）、《屋面工程技术规范》（GB 50345）等相关标准的规定和设计要求。

4.2　组成材料性能要求

4.2.1　KMPS防火保温板的外观质量应符合下列要求：

（1）表面平整，无掉粉，色泽一致；

（2）无裂纹，无翘曲变形和明显的缺棱掉角；

（3）无返卤、返潮现象。

4.2.2　KMPS防火保温板的规格尺寸及偏差应符合表4.2.2的规定。

	总说明		图集号	川2017J125-TJ
审核	余恒鹏	校对	金洁	设计	陈东平	页	3

表4.2.2 KMPS防火保温板规格尺寸及偏差

项目	规格尺寸	尺寸偏差	试验方法
长度(mm)	600~1200	±3	GB/T 5486
宽度(mm)	≤600	±2	
厚度(mm)	≥30	0~+5	
对角线差(mm)	—	≤3	
板面平直(mm)	—	≤2	
板面平整度(mm)	—	≤1	

4.2.3 KMPS防火保温板物理力学性能应符合表4.2.3的规定。

表4.2.3 KMPS防火保温板物理力学性能指标

项目	性能指标		试验方法
	Ⅰ型	Ⅱ型	
表观密度(kg/m³)	120~200		GB/T 5486
导热系数[W/(m·K)]	≤0.05	≤0.06	GB/T 10294
蓄热系数[W/(m²·K)]	≥0.8	≥1.0	JGJ 51
弯曲性能	断裂弯曲负荷≥25 N 或弯曲变形≥20 mm	—	GB/T 8812.2
抗压强度(MPa)	≥0.20	≥0.25	GB/T 5486
垂直于板面方向的抗拉强度(MPa)	≥0.10		GB/T 29906
体积吸水率(%)	≤5		GB/T 5486
软化系数	≥0.80		JG/T 158
燃烧性能等级	A级		GB 8624
抗返卤性	无返潮、无集结水珠		JG/T 414
放射性核素限量	$I_γ<1.0$, $I_{Ra}<1.0$		GB 6566

注: 弯曲性能试验跨度为300 mm, 试件宽度为150 mm。

4.2.4 KMPS保温装饰复合板尺寸允许偏差应符合表4.2.4的规定。

表4.2.4 KMPS保温装饰复合板尺寸允许偏差

项目	性能指标	试验方法
长度(mm)	±2	GB/T 6342
宽度(mm)	±2	
厚度(mm)	0~+2	
对角线差(mm)	≤3	
板面平整度(mm)	≤2	

4.2.5 KMPS保温装饰复合板性能应符合表4.2.5的规定。

表4.2.5 KMPS保温装饰复合板性能指标

项目		性能指标	试验方法
单位面积质量(kg/m²)		<20	
拉伸粘结强度(MPa)	原强度	≥0.10	JG/T 287
	耐水强度	≥0.10	
	耐冻融强度	≥0.10	
抗冲击性		用于建筑物首层10J合格;建筑物二层以上3J合格	JG/T 287
抗弯荷载(N)		不小于板自重	
吸水量(g/m²)		≤500	
KMPS防火保温板燃烧性能		A级	GB 8624
KMPS防火保温板导热系数[W/(m·K)]		≤0.06	GB/T 10294

4.2.6 KMPS保温装饰复合板的饰面板性能应符合表4.2.6的规定。

表4.2.6 KMPS保温装饰复合板的饰面板性能指标

项目	允许偏差	试验方法
外观	颜色均匀一致，表面平整，无破损	目测
涂层厚度(μm)	≥25	GB/T 1764
附着力	≤1级	GB/T 9286
耐沾污性(%)	≤10	GB/T 9780
耐酸性	96小时无异常	GB/T 9274
耐碱性	96小时无异常	GB/T 9265
耐水性	96小时无异常	GB/T 1733
面板与保温材料拉伸粘结强度 MPa	≥0.10，破坏界面位于保温层	JGJ 144

注：涂层厚度仅限涂料饰面。耐沾污性、附着力仅限平涂饰面。

4.3 其他组成材料性能

4.3.1 胶粘剂性能应符合表4.3.1的规定。

表4.3.1 胶粘剂性能指标

项目		性能指标	试验方法
拉伸粘结强度（与水泥砂浆）(MPa)	原强度	≥0.60	GB/T 29906
	耐水强度	≥0.60（浸水48 h，干燥7 d）	
拉伸粘结强度（与保温板）(MPa)	原强度	≥0.10	
	耐水强度	≥0.10（浸水48 h，干燥7 d）	
可操作时间(h)		1.5～4.0	

4.3.2 抹面胶浆性能应符合表4.3.2的规定。

表4.3.2 抹面胶浆性能指标

项目		性能指标	试验方法
拉伸粘结强度（与保温板）(MPa)	原强度	≥0.10	GB/T 29906
	耐水强度	≥0.10（浸水48 h，干燥7 d）	
柔韧性（压折比）		≤3.0	
可操作时间(h)		1.5～4.0	

4.3.3 耐碱网格布的性能应符合表4.3.3的规定。

表4.3.3 耐碱网格布性能指标

项目	性能指标		试验方法
	涂料饰面	面砖饰面	
单位面积质量(g/m²)	≥160	≥300	GB/T 9914.3
耐碱断裂强力（经、纬向）(N/50 mm)	≥1000		GB/T 29906
断裂伸长率（经、纬向)(%)	≤5.0		GB/T 7689.5
耐碱断裂强力保留率（经、纬向)(%)	≥50		GB/T 29906

4.3.4 锚固件的主要性能应符合表4.3.4的规定。

表4.3.4 锚固件主要性能指标

项目	性能指标	试验方法
拉拔力标准值(kN)	≥0.60	JG/T 287
悬挂力(kN)	≥0.10	

4.3.5 塑料锚栓的圆盘公称直径不应小于60 mm，公差为±1.0 mm。膨胀套管的公称直径不应小于8 mm，公差为±0.5 mm。其他性能应符合表4.3.5的规定。

表4.3.5 塑料锚栓性能指标

项目	性能指标	试验方法
单个锚栓抗拉承载力标准值（普通混凝土基层墙体）(kN)	≥0.60	
单个锚栓抗拉承载力标准值（实心砌体基层墙体）(kN)	≥0.50	
单个锚栓抗拉承载力标准值（多孔砖砌体基层墙体）(kN)	≥0.40	JG/T 366
单个锚栓抗拉承载力标准值（空心砌块基层墙体）(kN)	≥0.30	
单个锚栓抗拉承载力标准值（蒸压加气混凝土砌块基层墙体）(kN)	≥0.30	

4.3.6 其他配套材料及附件应满足下列要求：

（1）装饰面板、柔性耐水腻子、弹性底涂、涂料、饰面砂浆等性能应符合国家和四川省现行相关标准的规定。

（2）饰面砖、柔性饰面块材、面砖粘结砂浆、勾缝剂等应符合国家和四川省现行相关标准的规定。

（3）扣件、连接件、托架、滴水线条、密封条、密封胶、盖口条、护角条、装饰线条等应符合国家和四川省现行相关标准的规定。

5 设计、施工、质量控制

5.1 设计要求

5.1.1 KMPS防火保温板保温系统工程设计不得随意更改系统构造和组成材料。

5.1.2 KMPS防火保温板在建筑保温工程中应用的设计厚度，应根据国家和四川省现行民用建筑节能设计标准的规定，通过建筑热工设计计算确定。在墙体保温工程中应用的保温板最小设计厚度不应小于30 mm。

5.1.3 KMPS防火保温板在建筑墙体保温工程中应用的建筑构造设计，如保温板粘贴、塑料锚栓固定、耐碱网格布铺设、防水及伸缩缝等构造措施设计，应参照国家和四川省现行有关保温板应用技术标准中的规定，提出具体要求。

5.1.4 KMPS保温装饰复合板外墙保温工程应做防水构造设计，并应采用粘结和锚固的方式固定。

5.1.5 建筑热工设计计算时，KMPS防火保温板计算导热系数和计算蓄热系数按下列公式计算：

$$\lambda_c = \lambda \cdot a \qquad (5.1.5\text{-}1)$$
$$S_c = S \cdot a \qquad (5.1.5\text{-}2)$$

式中：

λ_c —KMPS防火保温板的计算导热系数[W/(m·K)]；

λ —KMPS防火保温板的导热系数[W/(m·K)]，按本图集表4.2.3选取；

S_c —KMPS防火保温板的计算蓄热系数[W/(m²·K)]；

S —KMPS防火保温板的蓄热系数[W/(m²·K)]，按本图集表4.2.3选取；

a —修正系数，按表5.1.5选取。

表5.1.5 KMPS防火保温板计算导热系数λ_c和计算蓄热系数S_c的修正系数a取值

保温系统类型	修正系数a
外墙外保温系统	1.20
外墙内保温系统	1.30
屋面及楼地面保温系统	1.25

5.1.6 围护结构中的热桥部位应按照《民用建筑设计规范》（GB 50176）进行内表面结露验算，采用适宜的保温措施使热桥部位的内表面温度高于室内空气露点温度，处理部位宽度不小于200 mm。

5.1.7 严寒、寒冷地区不应单独采用KMPS防火保温板外墙内保温系统。

5.1.8 当防火隔离带采用KMPS防火保温板时，应沿楼板位置设置宽度不小于300 mm的KMPS防火保温板，其构造做法应按照KMPS防火保温板外墙外保温系统的相关要求。

								总说明	图集号	川2017J125-TJ

continued

5.1.9 KMPS防火保温板外墙外保温工程不宜采用粘贴饰面砖做饰面层，当采用时，其安全性与耐久性必须符合国家和四川省现行相关标准的规定。

5.2 施工要求

5.2.1 基层墙体处理应满足下列要求

基层墙体验收合格后，应采用水泥砂浆做找平层，找平层抹灰应分层进行，一次抹灰厚度不宜超过10 mm，并用2 m的靠尺检查平整度，最大偏差应小于4 mm，多出和缺少部分应修补平整。墙面应无浮灰，油污等妨碍粘结的附着物，并进行界面处理。

5.2.2 外保温工程施工前，外门窗洞口应通过验收，洞口尺寸、位置应符合设计要求和质量要求，门窗框或附框应安装完毕。外墙面上的雨水管卡、预埋件、设备穿墙管道等应提前安装完毕，并应预留出保温层的厚度。

5.2.3 KMPS保温装饰复合板安装前，应根据设计要求，结合墙面实际尺寸，编制排板图，弹控制线、挂基准线；弹出门窗水平线、垂直控制线，外墙阴阳角及其他需要的部位挂垂直基准线、楼层水平线，以保证保温装饰复合板粘贴的垂直度和平整度。

5.2.4 胶粘剂应严格按供应商提供的配比和制作工艺在现场进行拌合，每次配制不应过多，根据环境温度条件控制在2 h内或按产品说明书中规定的时间内用完。

5.2.5 耐碱网格布的铺设和搭接应符合本图集的要求。

5.2.6 外保温工程施工期间以及完工后24 h内，基层及环境空气温度应不低于5 ℃，夏季应避免阳光暴晒，在5级以上大风天气和雨天不得施工。

5.2.7 施工步骤

KMPS防火保温板系统(涂料或面砖饰面系统)、KMPS保温装饰复合板系统分别应按照图5.2.7-1、图5.2.7-2所示工序进行。

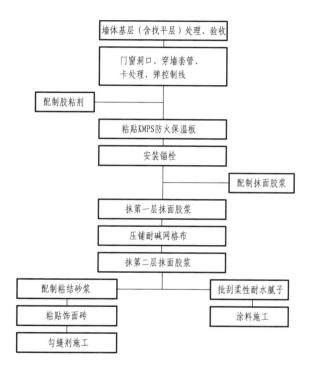

图5.2.7-1 KMPS防火保温板涂料（饰面砖）饰面系统施工工艺流程

总说明	图集号	川2017J125-TJ
审核 余恒鹏　校对 金洁　设计 陈东平	页	7

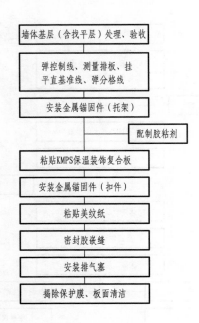

图5.2.7-2 KMPS保温装饰复合板系统施工工艺流程

（流程图内容，自上而下）
墙体基层（含找平层）处理、验收

弹控制线、测量排板、挂平直基准线、弹分格线

安装金属锚固件（托架）

配制胶粘剂

粘贴KMPS保温装饰复合板

安装金属锚固件（扣件）

粘贴美纹纸

密封胶嵌缝

安装排气塞

揭除保护膜、板面清洁

5.2.8　KMPS防火保温板和KMPS保温装饰复合板保温工程应按经审查合格的设计文件，编制专项施工方案，施工前应对施工人员进行现场技术交底和必要的操作培训。

5.2.9　核查KMPS防火保温板和KMPS保温装饰复合板的型式检验报告等质量证明文件。

5.2.10　KMPS防火保温板和KMPS保温装饰复合板保温工程施工应在基层施工质量验收合格后进行。基层应坚实、平整。找平层垂直度和平整度应符合现行国家标准《建筑装饰装修工程质量验收规范》（GB 50210）的规定。

5.2.11　KMPS防火保温板应满粘，KMPS保温装饰复合板应采用条粘法或点框粘法，每块板胶粘剂的有效粘结面积不应小于60%。

5.2.12　KMPS防火保温板用于外墙保温系统时，锚栓数量不应少于6个/m^2，且面积大于0.1 m^2的单块板锚栓数量不应少于1个。

5.2.13　抹面层施工时，耐碱网格布不得直接铺钉在保温板上，置于两道抹面胶浆中，不得干搭接和外露，搭接长度应符合设计要求。

5.3　质量控制

5.3.1　KMPS防火保温板和KMPS保温装饰复合板建筑保温工程的施工质量验收，应结合保温板及保温系统的特点，严格执行现行国家标准《建筑节能施工质量验收规范》（GB 50411）和四川省工程建设地方标准《建筑节能工程施工质量验收规程》（DB 51/5033）的有关规定。

5.3.2　KMPS防火保温板建筑保温工程的检验批应符合下列规定：

（1）墙体（含架空楼板）保温工程按采用相同材料、工艺和施工做法的墙面，每1000 m^2（扣除窗洞面积后）的保温面积为一个检验批，不足1000 m^2 也为一个检验批。

总说明	图集号	川2017J125-TJ
审核　余恒鹏　　校对　金洁　　设计　陈东平	页	8

（2）屋面保温工程按采用相同材料、工艺和施工做法的屋面，每1000 m²划分为一个检验批，不足1000 m²也为一个检验批。

（3）楼地面保温工程按采用相同材料、工艺和施工做法的地面，每1000 m²划分为一个检验批，不足1000 m²也为一个检验批。

（4）检验批的划分也可根据与施工流程相一致，且方便施工与验收的原则，由施工单位与监理（建设）单位共同商定。

5.3.3 KMPS防火保温板保温系统使用材料进场时，应对下列性能进行复验，复验应为见证取样送检：

（1）KMPS防火保温板的导热系数、干密度、垂直于板面方向的抗拉强度、软化系数和燃烧性能。

（2）胶粘剂和抹面胶浆的拉伸粘结强度，抹面胶浆的压折比。

（3）耐碱网格布的力学性能、抗腐蚀性能。

检验方法：随机抽样送检，核查复验报告。

检查数量：按照同厂家、同品种产品，燃烧性能按照建筑面积抽查：建筑面积每10 000 m²以下的每5000 m²至少抽查一次，不足5000 m²时也应抽查一次；超过10 000m²时，每增加10 000m²应至少增加抽查一次。

除燃烧性能之外的其他各项参数的抽查，按照同一厂家、同品种产品，每1000 m²扣除窗洞后的保温墙面面积使用的材料为一个检验批，每个检验批应至少抽查一次；不足1000²m 时也应抽查一次；超过1000 m²时，每增加2000 m²应至少增加抽查一次；超过5000 m²时，每增加5000 m²应增加抽查一次。

同一工程项目、同一施工单位及同时施工的多个单位工程（群体建筑），可合并计算保温工程的抽检面积。

5.3.4 KMPS保温装饰复合板系统材料进场时，应对其下列性能进行复检，复检应为见证取样送检：

（1）保温装饰复合板的面密度、面板与保温板之间的拉伸粘结强度。

（2）保温板的导热系数、密度、抗拉强度、燃烧性能。

（3）面板饰面层的耐酸性、耐碱性、附着力。

（4）胶粘剂的拉伸粘结原强度和耐水强度。

（5）锚固件的拉拔力标准值和悬挂力。

检验方法：随机抽样送检，核查复验报告。

检查数量：同一厂家同一品种的产品，当单位工程建筑面积在20 000 m²以下时各抽查不少于3次；当单位工程建筑面积在20 000 m²以上时各抽查不少于6次。

5.3.5 进场的KMPS保温装饰复合板应无起皮、翘曲、缺角、划伤、色差，面板与保温板之间无脱层、空鼓现象。

检验方法：观察检查。

检查数量：全数检查。

5.3.6 KMPS保温装饰复合板保温工程的施工，应符合下列规定：

（1）KMPS保温装饰复合板的保温层厚度应符合设计要求。

（2）复合板与基层之间的粘结或连接必须牢固，粘贴面积、粘结强度和连接方式应符合设计要求。复合板与基层之间的粘结强度应进行现场拉拔试验。

（3）锚固件的数量、位置、锚固深度和单个锚固件的拉拔力标准值应符合设计要求。锚固件应进行现场拉拔试验。

（4）KMPS保温装饰复合板保温系统的构造节点、板缝处理、嵌缝做法应符合设计要求。

检验方法：观察检查；保温板厚度剖开尺量检查，粘结强度和锚固件的拉拔力标准值核查拉拔试验报告；对照设计和施工方案观察检查；核查隐蔽工程验收记录。

		总说明	图集号	川2017J125-TJ
审核	余恒鹏	校对 金洁 设计 陈东平	页	9

检查数量：型式检验报告全数检查；其他项目每个检验批抽查5%，且不少于3处（块），粘结强度和锚固件的拉拔力标准值的现场拉拔试验数量，每个检验批不少于1组，每组5处（块）。

5.3.7　KMPS防火保温板保温系统（KMPS保温装饰复合板保温系统）及主要组成材料的性能，应符合第4节的有关规定。

5.3.8　KMPS防火保温板的厚度、干密度、燃烧性能、导热系数、抗拉强度、软化系数是关键性的物理力学性能指标，工程施工质量验收时应以主控项目核查这些性能指标的复验报告。

5.3.9　KMPS防火保温板建筑保温系统的构造层次，应符合本图集的有关规定。保温板的厚度应符合设计要求，无负偏差。

5.3.10　KMPS防火保温板(KMPS保温装饰复合板)建筑保温工程的每个工序完成后，都应有详细的文字记录和必要的图像资料，以及隐蔽工程验收文件。

6　其他

6.1　本图集尺寸以毫米（mm）为单位（编制说明除外）。

6.2　其余有关事项均应按照国家现行规范、标准执行设计。

6.3　详图索引方法：

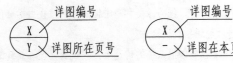

| 总说明 | | 图集号 | 川2017J125-TJ |

| 审核 | 余恒鹏 | 校对 | 金洁 | 设计 | 陈东平 | 页 | 10 |

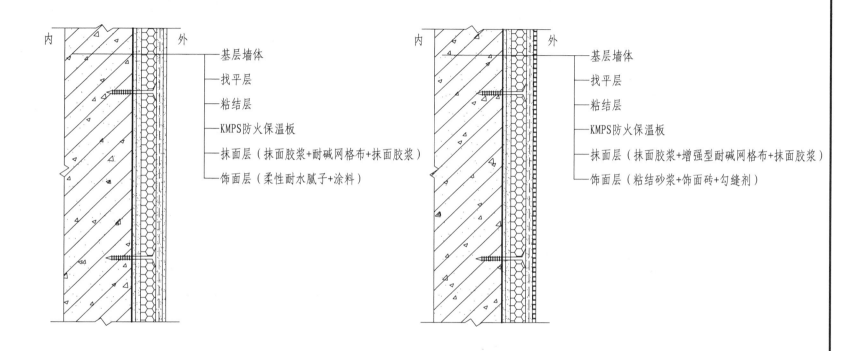

内 外

基层墙体
找平层
粘结层
KMPS防火保温板
抹面层（抹面胶浆+耐碱网格布+抹面胶浆）
饰面层（柔性耐水腻子+涂料）

内 外

基层墙体
找平层
粘结层
KMPS防火保温板
抹面层（抹面胶浆+增强型耐碱网格布+抹面胶浆）
饰面层（粘结砂浆+饰面砖+勾缝剂）

① 涂料饰面外墙外保温系统

② 面砖饰面外墙外保温系统

外墙外保温系统构造					图集号	川2017J125-TJ
审核	余恒鹏	校对	金洁	设计	陈东平	页 11

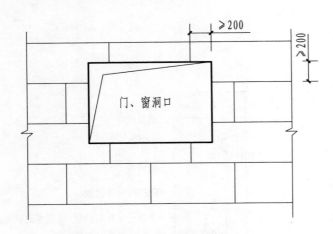

≥200
≥200

门、窗洞口

① 门窗洞口保温板布置

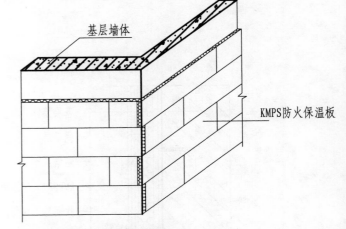

基层墙体

KMPS防火保温板

③ 保温板布置立面图

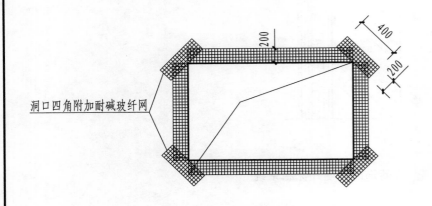

400
200
200

洞口四角附加耐碱玻纤网

② 门窗洞口耐碱网格布布置

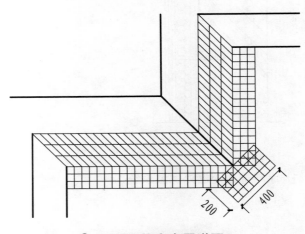

200
400

④ 耐碱网格布布置详图

保温板及洞口网格布加强布置		图集号	川2017J125-TJ
审核 余恒鹏	校对 金洁	设计 陈东平	页 12

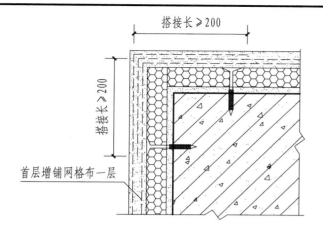

搭接长≥200

搭接长≥200

首层增铺网格布一层

① KMPS防火保温板阳角（首层）

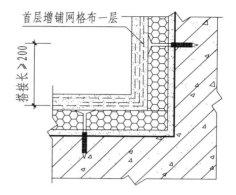

首层增铺网格布一层

搭接长≥200

② KMPS防火保温板阴角（首层）

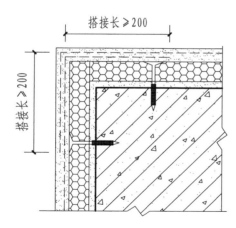

搭接长≥200

搭接长≥200

③ KMPS防火保温板阳角（二层及以上）

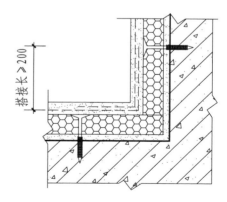

搭接长≥200

④ KMPS防火保温板阴角（二层及以上）

外墙外保温系统阴阳角构造	图集号	川2017J125-TJ
审核 余恒鹏　校对 金洁　设计 陈东平	页	13

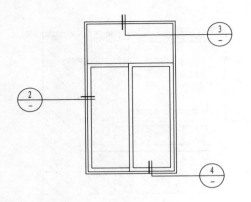

① 窗口立面示意图

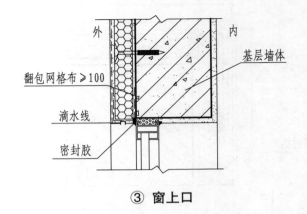

③ 窗上口

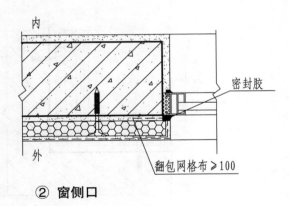

② 窗侧口

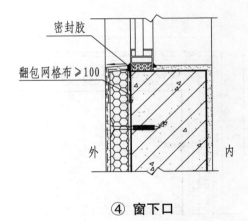

④ 窗下口

注：本构造图适用于窗框安装外侧与基层墙体外侧齐平时。

外墙外保温系统窗口构造（一）		图集号	川2017J125-TJ
审核 余恒鹏　校对 金洁　设计 陈东平		页	14

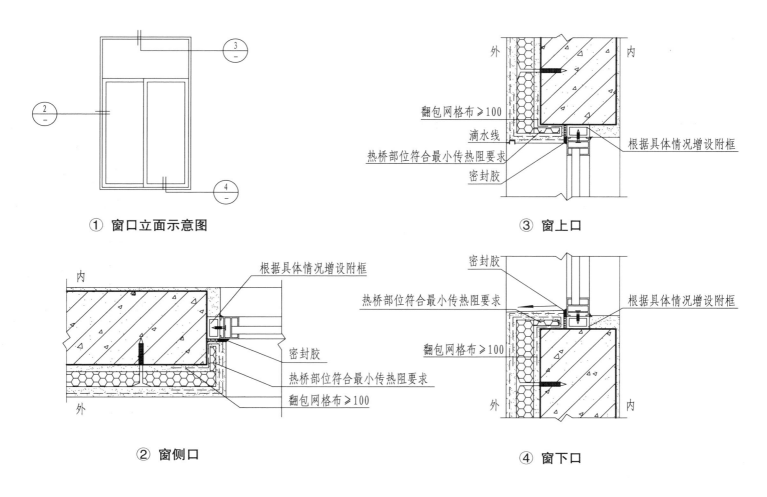

① 窗口立面示意图

③ 窗上口

翻包网格布≥100
滴水线
热桥部位符合最小传热阻要求
密封胶
根据具体情况增设附框

② 窗侧口

内
根据具体情况增设附框
外
密封胶
热桥部位符合最小传热阻要求
翻包网格布≥100

④ 窗下口

密封胶
热桥部位符合最小传热阻要求
根据具体情况增设附框
翻包网格布≥100

注：本构造图适用于窗框安装在基层墙体厚度中间时。
　　根据保温层厚度增设相应高度的窗附框，外窗台排水坡顶应高出附框顶10 mm，且应低于窗框的排水孔。

外墙外保温系统窗口构造（二）

图集号	川2017J125-TJ

| 审核 | 余恒鹏 | | 校对 | 金洁 | | 设计 | 陈东平 | | 页 | 15 |

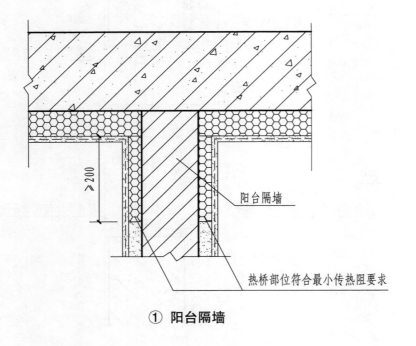

≥200

阳台隔墙

热桥部位符合最小传热阻要求

① 阳台隔墙

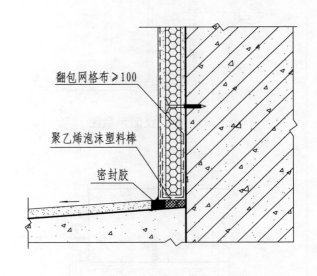

翻包网格布≥100

聚乙烯泡沫塑料棒

密封胶

② 外墙勒脚

注：热桥部位可采用适宜厚度的其他保温系统，以保证完成后与相邻找平砂浆同厚。

外墙外保温系统勒脚、阳台隔墙构造	图集号	川2017J125-TJ
审核 余恒鹏 〔签章〕 校对 金洁 〔签章〕 设计 陈东平 〔签章〕	页	16

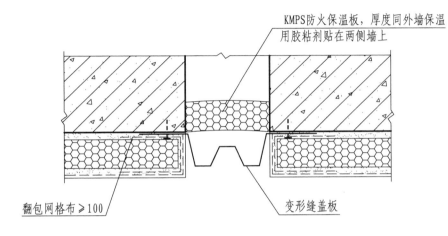

KMPS防火保温板，厚度同外墙保温
用胶粘剂贴在两侧墙上

翻包网格布≥100

变形缝盖板

① 变形缝构造（一）

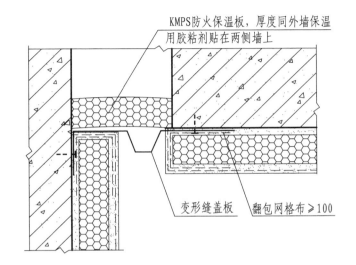

KMPS防火保温板，厚度同外墙保温
用胶粘剂贴在两侧墙上

变形缝盖板　翻包网格布≥100

② 变形缝构造（二）

外墙外保温系统变形缝构造	图集号	川2017J125-TJ
审核 余恒鹏　校对 金洁　设计 陈东平	页	17

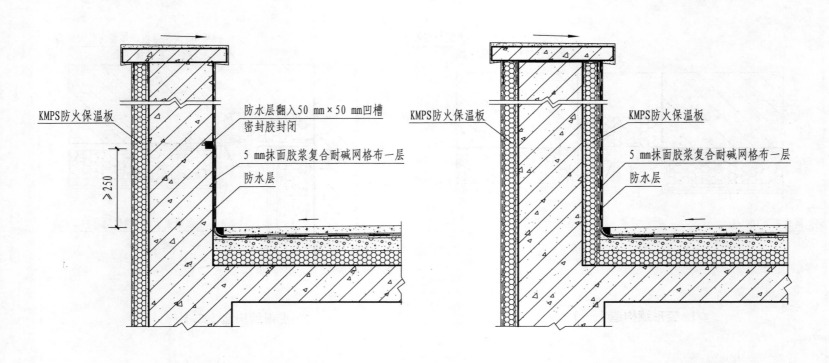

KMPS防火保温板

防水层翻入50 mm×50 mm凹槽
密封胶封闭

5 mm抹面胶浆复合耐碱网格布一层

防水层

≥250

① 女儿墙保温构造（除严寒、寒冷地区）

KMPS防火保温板

KMPS防火保温板

5 mm抹面胶浆复合耐碱网格布一层

防水层

② 女儿墙保温构造（严寒、寒冷地区）

外墙外保温系统女儿墙构造		图集号	川2017J125-TJ
审核 余恒鹏　　校对 金洁　　设计 陈东平		页	18

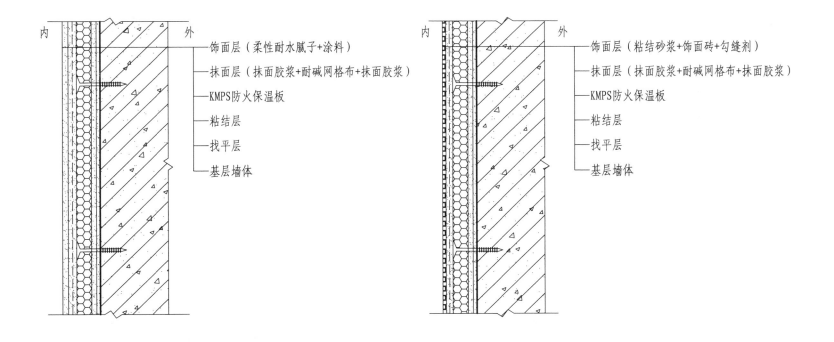

内   外 —— 饰面层（柔性耐水腻子+涂料）

—— 抹面层（抹面胶浆+耐碱网格布+抹面胶浆）

—— KMPS防火保温板

—— 粘结层

—— 找平层

—— 基层墙体

① 涂料饰面外墙内保温系统

内   外 —— 饰面层（粘结砂浆+饰面砖+勾缝剂）

—— 抹面层（抹面胶浆+耐碱网格布+抹面胶浆）

—— KMPS防火保温板

—— 粘结层

—— 找平层

—— 基层墙体

② 面砖饰面外墙内保温系统

外墙内保温系统构造	图集号	川2017J125-TJ
审核 余恒鹏 校对 金洁 设计 陈东平	页	19

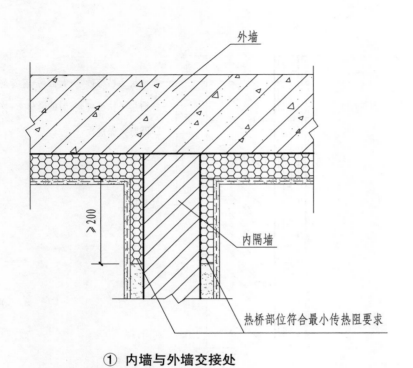

外墙

内隔墙

≥200

热桥部位符合最小传热阻要求

① 内墙与外墙交接处

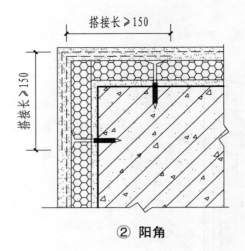

搭接长≥150

搭接长≥150

② 阳角

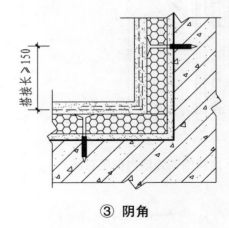

搭接长≥150

③ 阴角

注：热桥部位可采用适宜厚度的其他保温系统，以保证完成后与相邻找平砂浆同厚。

外墙内保温系统阴阳角、内墙与外墙交接处构造	图集号	川2017J125-TJ
审核 余恒鹏　校对 金洁　设计 陈东平	页	20

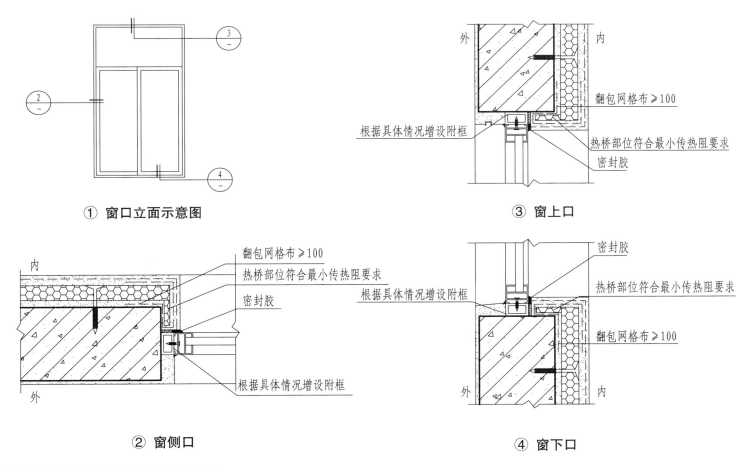

① 窗口立面示意图

③ 窗上口

翻包网格布≥100

根据具体情况增设附框

热桥部位符合最小传热阻要求

密封胶

翻包网格布≥100

热桥部位符合最小传热阻要求

密封胶

根据具体情况增设附框

② 窗侧口

密封胶

根据具体情况增设附框

热桥部位符合最小传热阻要求

翻包网格布≥100

④ 窗下口

注：本构造图适用于窗框安装在基层墙体厚度中间时。
  根据保温层厚度增设相应高度的窗附框，外窗台排水坡顶应高出附框顶10 mm，且应低于窗框的排水孔。

| 外墙内保温系统窗口构造 | 图集号 | 川2017J125-TJ |
| 审核 余恒鹏 校对 金洁 设计 陈东平 | 页 | 21 |

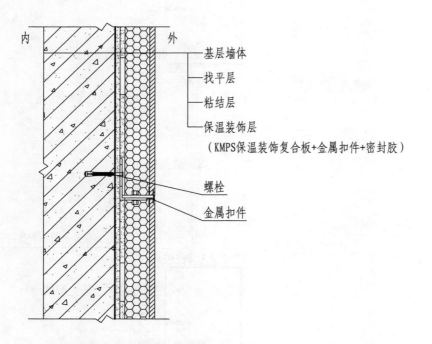

内 外

基层墙体

找平层

粘结层

保温装饰层
（KMPS保温装饰复合板+金属扣件+密封胶）

螺栓

金属扣件

① 保温装饰复合板保温系统

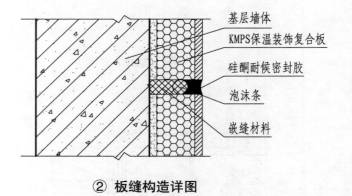

基层墙体

KMPS保温装饰复合板

硅酮耐候密封胶

泡沫条

嵌缝材料

② 板缝构造详图

保温装饰复合板保温系统构造	图集号	川2017J125-TJ
审核 余恒鹏	校对 金洁 设计 陈东平	页 22

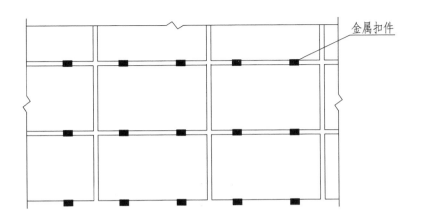

① 建筑高度36 m以下金属锚固件布置图

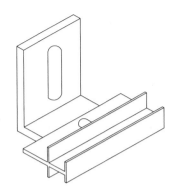

③ 金属锚固件（一）

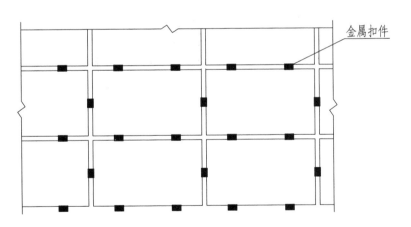

② 建筑高度36 m以上金属锚固件布置图

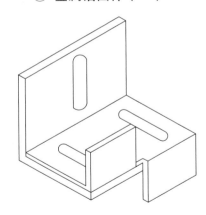

④ 金属锚固件（二）

保温装饰复合板及金属扣件布置				图集号	川2017J125-TJ
审核	余恒鹏	校对	金洁	页	23
设计	陈东平				

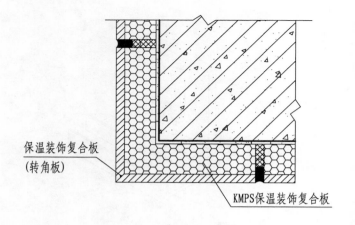

保温装饰复合板
（转角板）

KMPS保温装饰复合板

① 阳角（一）

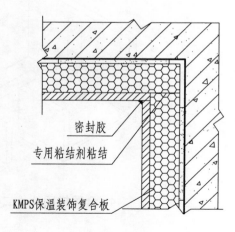

密封胶

专用粘结剂粘结

KMPS保温装饰复合板

③ 阴角

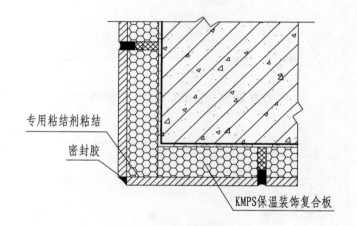

专用粘结剂粘结

密封胶

KMPS保温装饰复合板

② 阳角（二）

保温装饰复合板保温系统阴阳角构造	图集号	川2017J125-TJ
审核 余恒鹏	校对 金洁	设计 陈东平	页	24

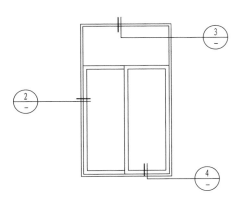

① 窗立面示意图

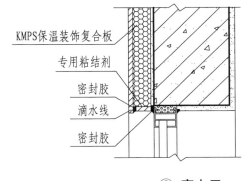

KMPS保温装饰复合板

专用粘结剂

密封胶

滴水线

密封胶

③ 窗上口

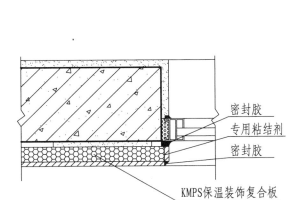

密封胶

专用粘结剂

密封胶

KMPS保温装饰复合板

② 窗侧口

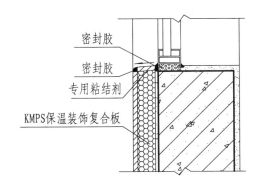

密封胶

密封胶

专用粘结剂

KMPS保温装饰复合板

④ 窗下口

保温装饰复合板保温系统窗口构造（一）	图集号	川2017J125-TJ
审核 余恒鹏 　校对 金洁 　设计 陈东平	页	25

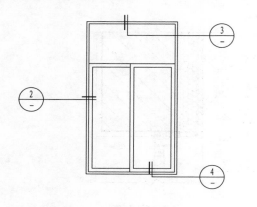

① 窗立面示意图

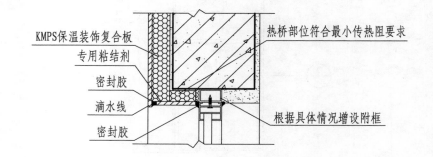

KMPS保温装饰复合板
专用粘结剂
密封胶
滴水线
密封胶

热桥部位符合最小传热阻要求

根据具体情况增设附框

② 窗上口

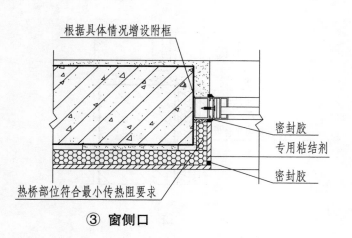

根据具体情况增设附框

密封胶
专用粘结剂
密封胶

热桥部位符合最小传热阻要求

③ 窗侧口

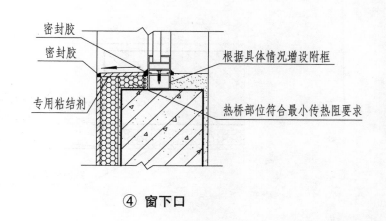

密封胶
密封胶

根据具体情况增设附框

专用粘结剂

热桥部位符合最小传热阻要求

④ 窗下口

注：根据保温层厚度增设相应高度的窗附框，外窗台排水坡顶应高出附框顶10 mm，且应低于窗框的排水孔。

保温装饰复合板保温系统窗口构造（二）

图集号 川2017J125-TJ

| 审核 | 余恒鹏 | | 校对 | 金洁 | | 设计 | 陈东平 | | 页 | 26 |

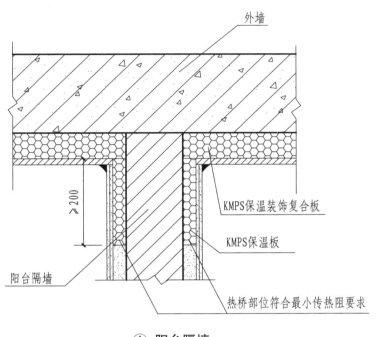

外墙

KMPS保温装饰复合板

KMPS保温板

≥200

阳台隔墙

热桥部位符合最小传热阻要求

① 阳台隔墙

KMPS保温装饰复合板

基层墙体

嵌缝材料（泡沫条）

密封胶

散水

垫层

② 外墙勒脚

保温装饰复合板保温系统勒脚、阳台隔墙构造	图集号	川2017J125-TJ
审核 余恒鹏 校对 金洁 设计 陈东平	页	27

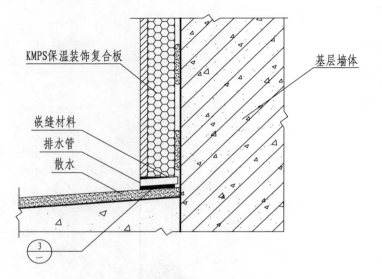

KMPS保温装饰复合板

基层墙体

嵌缝材料
排水管
散水

③
—

① 排水装置

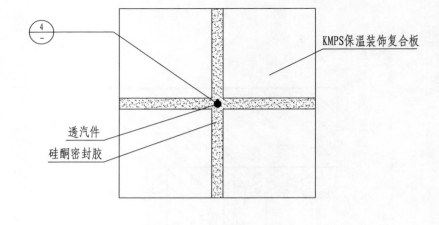

4
—

KMPS保温装饰复合板

透汽件
硅酮密封胶

② 排气塞

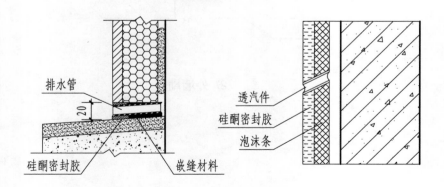

排水管

20

硅酮密封胶   嵌缝材料

③ 排水装置详图

透汽件
硅酮密封胶
泡沫条

④ 排气塞详图

注：1.排水管的设置宜为每10 m一个，其材质为不锈钢，内径为10 mm。
　　2.透汽件的设置约1个/30 m²，其材质为为PVC塑料，透汽件安装时
　　　应斜向上约60°。

保温装饰复合板保温系统排水、排气孔	图集号	川2017J125-TJ
审核 余恒鹏　校对 金洁　设计 陈东平	页	28

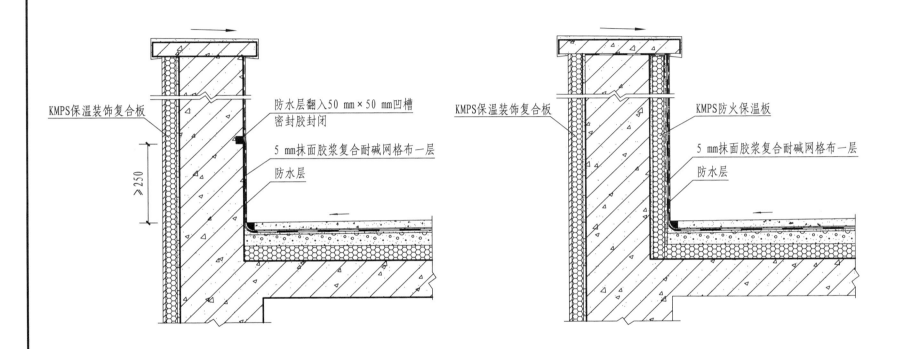

KMPS保温装饰复合板

防水层翻入50 mm×50 mm凹槽
密封胶封闭

5 mm抹面胶浆复合耐碱网格布一层

防水层

≥250

① 女儿墙保温构造（除严寒、寒冷地区以外）

KMPS保温装饰复合板

KMPS防火保温板

5 mm抹面胶浆复合耐碱网格布一层

防水层

② 女儿墙保温构造（严寒、寒冷地区）

保温装饰复合板保温系统女儿墙构造	图集号	川2017J125-TJ
审核 余恒鹏 校对 金洁 设计 陈东平	页	29

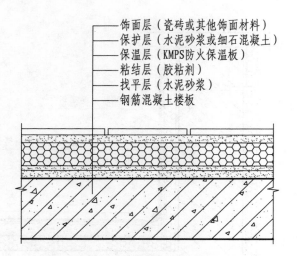

饰面层（瓷砖或其他饰面材料）
保护层（水泥砂浆或细石混凝土）
保温层（KMPS防火保温板）
粘结层（胶粘剂）
找平层（水泥砂浆）
钢筋混凝土楼板

① 楼地面保温系统构造

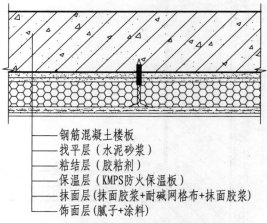

钢筋混凝土楼板
找平层（水泥砂浆）
粘结层（胶粘剂）
保温层（KMPS防火保温板）
抹面层(抹面胶浆+耐碱网格布+抹面胶浆)
饰面层（腻子+涂料）

② 架空楼板下置保温系统构造

楼地面及架空楼板保温系统构造	图集号	川2017J125-TJ
审核 余恒鹏　校对 金洁　设计 陈东平	页	30

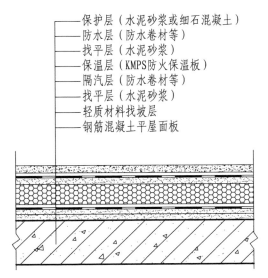

保护层（水泥砂浆或细石混凝土）
防水层（防水卷材等）
找平层（水泥砂浆）
保温层（KMPS防火保温板）
隔汽层（防水卷材等）
找平层（水泥砂浆）
轻质材料找坡层
钢筋混凝土平屋面板

① 平屋面(一)

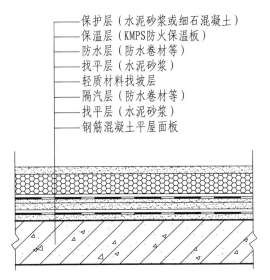

保护层（水泥砂浆或细石混凝土）
保温层（KMPS防火保温板）
防水层（防水卷材等）
找平层（水泥砂浆）
轻质材料找坡层
隔汽层（防水卷材等）
找平层（水泥砂浆）
钢筋混凝土平屋面板

② 平屋面（二）

平屋面保温系统构造	图集号	川2017J125-TJ

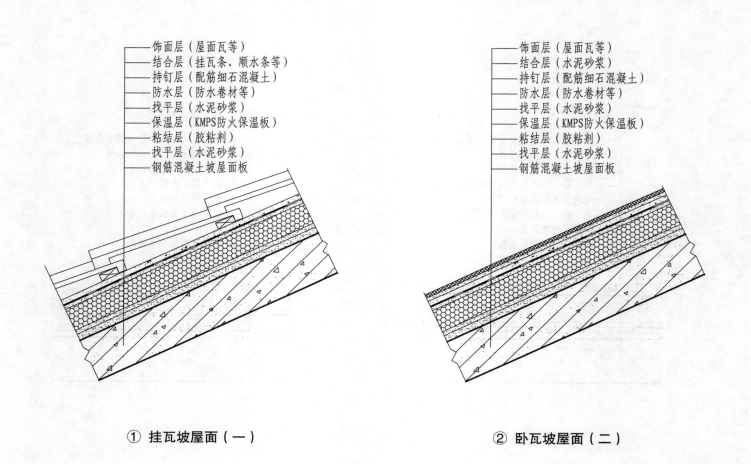

饰面层（屋面瓦等）
结合层（挂瓦条、顺水条等）
持钉层（配筋细石混凝土）
防水层（防水卷材等）
找平层（水泥砂浆）
保温层（KMPS防火保温板）
粘结层（胶粘剂）
找平层（水泥砂浆）
钢筋混凝土坡屋面板

① 挂瓦坡屋面（一）

饰面层（屋面瓦等）
结合层（水泥砂浆）
持钉层（配筋细石混凝土）
防水层（防水卷材等）
找平层（水泥砂浆）
保温层（KMPS防火保温板）
粘结层（胶粘剂）
找平层（水泥砂浆）
钢筋混凝土坡屋面板

② 卧瓦坡屋面（二）

坡屋面保温系统构造	图集号	川2017J125-TJ

审核	余恒鹏		校对	金洁		设计	陈东平		页	32

公司及产品简介

一、企业简介

科文建材集团是一家建筑节能与装饰领域系统解决方案的提供商，专注于节能环保新型建材的研发、生产、销售及施工服务。

科文集团投资数亿元，引进目前国内最先进的保温装饰一体化板生产线，XPS挤塑板生产线，KMPS防火保温板生产线，EPS及HEPS、金刚板保温材料生产线，大型自动化无机板涂装线，新型涂料及专用干粉砂浆生产线。在成都设立研发中心，在成都、重庆、武汉、新疆建立有现代化制造工厂。

公司参与了多个国家及地方标准的编制，技术领先，并成为中国中西部地区唯一获得联合国多边合作基金数百万美元支持的重点企业，是环保部的重点合作单位及四川大学校企合作单位，为行业的领导型企业。

二、产品特性

科文®KMPS防火保温板是一种硬质不燃型保温材料，是以特殊的轻质防火材料为胶凝材料，以阻燃型发泡颗粒为骨料，添加数十种改性剂，用自动化流水生产线生产出来的优质防火保温材料。

科文®KMPS防火保温板是一种革命性的新型保温材料，其独特的加工工艺、配方和结构，保证了产品具有许多十分优秀的性能，其防火性能卓越不凡，产品燃烧性能达到A2级，同时其保温隔热性能极佳，板材尺寸大，表观密度小，施工安装极为便捷。

科文®KMPS防火保温板可广泛应用于各种建筑的保温节能，能够创造出极大的经济效益。

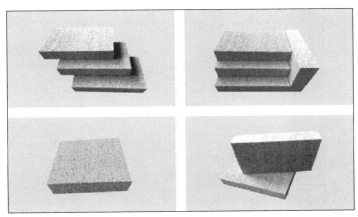